# 价签上的小脏点

## 读读小数

贺 洁 薛 晨◎著 王璐璐◎绘

U0240906

数学的萌芽

北京科学技术出版社

跳蚤

闲置物品

温馨提示

①营业时间 上午 9：00 ～ 12：00
②别忘记带零钱哟！

　　每年 4 月的第二个星期日，学校都会在体育馆举办一年一度的"跳蚤市场"活动！

　　同学们在体育馆里摆好摊位，把自己不需要的东西拿出来售卖。活动当天就像过节一样热闹，大家都希望买到自己喜欢的、价格便宜的好东西。

　　一大早，美丽鼠和学霸鼠就来到了体育馆。体育馆的地上画好了格子。美丽鼠看准了靠近门口的摊位，高兴地说："我们就在这儿吧，客人一定特别多！"然后，他俩开始摆放东西。

　　"你瞧，爸爸妈妈和我一起为每样东西都制作了价签。"美丽鼠说。

　　"嘿嘿，我也准备了价签！"学霸鼠得意地回答道。

　　勇气鼠的摊位在学霸鼠的旁边。他今天运气不错，先是把棒球手套卖给了从不打棒球的懒惰鼠，接着又把奶酪抱枕卖给了苍蝇三兄弟。现在，他开始挑选自己想买的东西了。

　　勇气鼠先来到了美丽鼠的摊位前，一边看一边想自己可以买些什么，却发现了一个问题："美丽鼠，你这几个价签被墨水弄脏了，数字中间都有个小黑点。"

　　"哈哈，才不是弄脏了！中间那个圆点叫作小数点，有小数点的数叫作小数。小数点前面的是整数部分，小数点后面的是小数部分。这个毛绒玩具价签上的数读作'三点二'，它的价格是 3.20 元，就是 3 元 2 角。"

　　"三点二，有趣，有趣！"勇气鼠读起其他东西的价格来，"《海底世界》2.50元。"

　　一旁的学霸鼠听到后问："你知道这是多少钱吗？"

　　美丽鼠给大家讲解起来："1元 = 10角，1角 = 10分。反过来，就是0.10元 =1角，0.20元 = 2角……0.50元就是5角。"

　　"《海底世界》的价格是2.50元，也就是2元5角；再看看零钱包……2.75元，就是2元7角5分。"

"厚厚的一本书才2元5角,那么小一块橡皮也2元5角。买书更划算!"勇气鼠盘算着,先买了书。

"走过路过,不要错过!"勇气鼠听到叫卖声,来到了生气猫的摊位前。

　　生气猫的摊位上的东西真不少，还有勇气鼠刚才想买的橡皮！

　　"这块橡皮多少钱呀？"勇气鼠问道。

　　生气猫想到了老师讲过的销售技巧，说："定价2元。但我们是好朋友，你要的话，嗯……1.70元！"

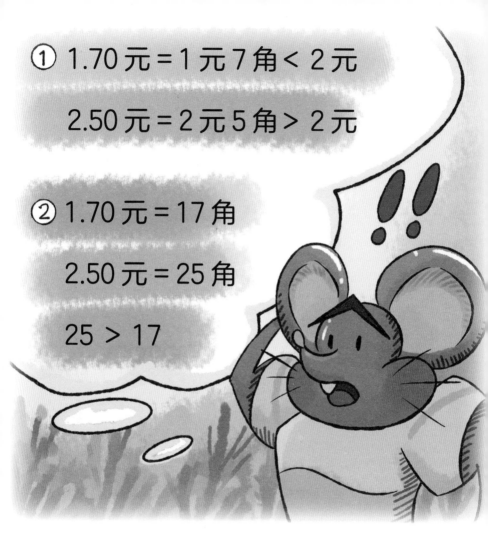

① 1.70 元 = 1 元 7 角 < 2 元

2.50 元 = 2 元 5 角 > 2 元

② 1.70 元 = 17 角

2.50 元 = 25 角

25 > 17

　　1.70 元？刚才学霸鼠的橡皮卖 2.50 元。买哪个更划算呢？勇气鼠挠了挠头：1.70 元，也就是 1 元 7 角，不到 2 元，2.50 元是 2 元 5 角；如果把价钱都换算成角，1.70 元是 17 角，2.50 元是 25 角，25>17，当然这个便宜。

　　所以，买生气猫的橡皮更划算。

　　勇气鼠买了橡皮后喜滋滋地继续逛时，碰到了倒霉鼠和懒惰鼠。3个小伙伴讨论了今天的收获。

限重：
0.50 吨

　　"我买了一堆东西，把它们都交给运输机器人了！"懒惰鼠伸了个懒腰，指着远处一辆人工智能运输车说道。

　　"我给喜欢天文的爸爸买了一架望远镜，给妈妈买了一个打蛋器，还给自己买了一块电子手表，一共花了10元！"倒霉鼠说。

　　"我……我买《海底世界》花了 2.50 元，买橡皮花了 1.70 元，一共花了多少钱呢？"勇气鼠算不出来。

　　"是啊，一共多少钱呢？"倒霉鼠和懒惰鼠一时也没算出来。

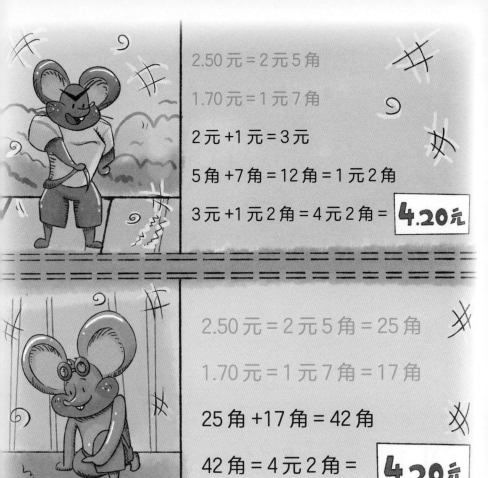

$2.50$ 元 $= 2$ 元 $5$ 角

$1.70$ 元 $= 1$ 元 $7$ 角

$2$ 元 $+ 1$ 元 $= 3$ 元

$5$ 角 $+ 7$ 角 $= 12$ 角 $= 1$ 元 $2$ 角

$3$ 元 $+ 1$ 元 $2$ 角 $= 4$ 元 $2$ 角 $=$ **4.20 元**

$2.50$ 元 $= 2$ 元 $5$ 角 $= 25$ 角

$1.70$ 元 $= 1$ 元 $7$ 角 $= 17$ 角

$25$ 角 $+ 17$ 角 $= 42$ 角

$42$ 角 $= 4$ 元 $2$ 角 $=$ **4.20 元**

　　勇气鼠拉起自己的长尾巴，在地上写写画画。倒霉鼠也蹲在地上算了起来。

　　他们俩算出的结果一样！勇气鼠一共花了 4.20 元！

销售榜

| | | |
|---|---|---|
| 1 | | ¥ 12.60 |
| 2 | | ¥ 9.80 |
| 3 | | ¥ 9.40 |

④ ¥6.35　⑤ ¥4.92

　　每年在跳蚤市场结束时，大家都把自己卖东西赚到的钱记录在一张大海报上。

　　今年的销售冠军是美丽鼠，第二名是生气猫，第三名是学霸鼠！

虽然没进前三名，但勇气鼠并不感到遗憾，因为他学会了如何比较小数的大小。比较小数的大小，要先看整数部分，整数部分大，数就大。

　　整数部分一样大时，就得看小数部分了。例如，生气猫和学霸鼠的销售额的整数部分都是9；再看小数部分，生气猫的是8，学霸鼠的是4。结果一下子就出来了！

今天在"跳蚤市场"里还出现了一些小数。你认识小数了吗？你在其他地方见过小数吗？给爸爸妈妈讲一讲吧！

读完故事，小朋友们一定认识小数了吧？试着在下面的横线上填入正确的数字，并把商品价格读给爸爸妈妈听吧！

¥2.75
___元___角___分

¥2.50
___元___角___分

¥4.60
___元___角___分

¥2.50
___元___角___分

¥5.50
___元___角___分

¥3.20
___元___角___分

上图中哪个商品的价格最高？哪个商品的价格最低？

如果你有 10 元钱，你能买哪些商品？